Körperliche Aktivität und ihre Auswirkungen auf den menschlichen Organismus unter spezieller Berücksichtigung der COVID-19-Pandemie

Julian Hetzmannseder

Bibliografische Information der Deutschen Nationalbibliothek:

Die Deutsche Nationalbibliothek verzeichnet diese Publikation in der Deutschen Nationalbibliografie; detaillierte bibliografische Daten sind im Internet über http://dnb.d-nb.de abrufbar.

ISBN: 9783346761088
Dieses Buch ist auch als E-Book erhältlich.

Druck und Bindung: Books on Demand GmbH, Norderstedt Germany
Gedruckt auf säurefreiem Papier aus verantwortungsvollen Quellen

Das vorliegende Werk wurde sorgfältig erarbeitet. Dennoch übernehmen Autoren und Verlag für die Richtigkeit von Angaben, Hinweisen, Links und Ratschlägen sowie eventuelle Druckfehler keine Haftung.

Das Buch bei GRIN: https://www.grin.com/document/1291884

BACHELORARBEIT

Körperliche Aktivität und deren Auswirkungen auf den menschlichen Organismus

unter spezieller Berücksichtigung der COVID-19-Pandemie

Verfasser

Julian Hetzmannseder

in dem Studienfachbereich
Biologie und Umweltkunde

angestrebter akademischer Grad

Bachelor of Education (BEd)

Studienrichtung: Bachelorstudium LA Sekundarstufe AB

Linz, am 24.06.2021

Kurzzusammenfassung

Diese Bachelorarbeit thematisiert die körperliche Aktivität und deren Auswirkungen auf den menschlichen Organismus unter spezieller Berücksichtigung der COVID-19 Pandemie. Dabei werden mittels Literaturrecherche sowie unter Einbindung diverser Studien die Bedeutung von Bewegung für die Gesundheit und ergänzend das Bewegungsverhalten der Bevölkerung untersucht. Die Ergebnisse zeigten, dass zahlreiche Personen verschiedenster Altersgruppen auf nationaler und internationaler Ebene das Mindestmaß an körperlicher Aktivität von 150 Minuten Bewegung mit mittlerer Intensität pro Woche nicht erfüllen. Mithilfe einer Umfrage wird der Einfluss der COVID-19 Pandemie auf die körperliche Aktivität analysiert und Zusammenhänge zwischen der Zeit vor dem Ausbruch und jener während der Krise veranschaulicht. Anhand dieser Untersuchung kann gezeigt werden, dass Bewegung für die Probanden durchaus einen positiven Stellenwert im Leben einnimmt und sie sich der Bedeutung von Sport bewusst sind.

Abstract

This bachelor thesis deals with physical activity and its effects on the human organism with special regard to the COVID-19 pandemic. The importance of physical activity for health and the physical activity behavior of the population are examined by means of literature research and the integration of various studies. The results showed that many people of different age groups on national and international level do not meet the minimum physical activity level of 150 minutes of moderate-intensity physical activity per week. Using a survey, the impact of the COVID-19 pandemic on physical activity is analyzed and correlations between the time before the outbreak and that during the crisis are illustrated. Based on this survey, it can be shown that exercise definitely has a positive value in the lives of the test persons and that they are aware of the importance of sports.

Inhalt

1 Einleitung

Regelmäßige körperliche Aktivität stellt eine Ressource für die physische und psychische Gesundheit dar. Ein körperlich aktiver Lebensstil kann auf der einen Seite dazu beitragen, dass das Risiko für kardiovaskuläre Erkrankungen, Übergewicht, Haltungsfehler sowie Beschwerden am Muskel- und Sehnenapparat reduziert werden und damit die Wahrscheinlichkeit einer vorzeitigen Mortalität verringert wird, auf der anderen Seite stärkt Bewegung das psychische Wohlbefinden durch die Pflege sozialer Kontakte Der Integration von körperlicher Aktivität in den Alltag steht eine zunehmend bewegungsarme Lebensweise in Beruf und Freizeit gegenüber. Die WHO (2020) empfiehlt für Erwachsene im Alter von 18 bis 64 Jahren ein Mindestmaß von 150 Minuten Bewegungszeit pro Woche, welche laut dem „Austrian Health Interview" und dem „Bewegungsmonitoring" von vielen Österreicher*innen nicht ansatzweise erreicht wird (Mayer et al., 2020). Ergänzend sollte mindestens zweimal pro Woche Krafttraining mit moderater oder höherer Intensität praktiziert und generell sitzende Tätigkeiten vermieden werden. Um Bewegungsmangel und die assoziierten gesundheitlichen Risiken vermeiden zu können, müssen verstärkt körperliche und sportliche Aktivitäten praktiziert werden (Krug et al., 2013).

Speziell die COVID-19 Pandemie stellt die weltweite Bevölkerung hinsichtlich der körperlichen Aktivität vor enorme Herausforderungen. In Zeiten der Kontaktsperre beziehungsweise der behördlichen Maßnahmen ist es für einen Großteil der Allgemeinheit nochmals deutlich schwieriger, die Bewegungsempfehlung seitens der WHO zu erreichen. Fitnessstudios sind geschlossen, Gymnastikkurse und andere Gruppenveranstaltungen können nicht stattfinden. Außerdem meiden einige diverse Outdoortätigkeiten wie beispielsweise Wandern, Radfahren oder gemütliches Spazierengehen aus Furcht vor einer möglichen Ansteckung.

Aus diesem Grund befasst sich diese Bachelorarbeit mit körperlicher Aktivität und deren Auswirkungen auf den menschlichen Organismus unter spezieller Berücksichtigung der COVID-19 Pandemie.

Im zweiten Kapitel werden der Grundbegriff „Bewegung" mit seinen unterschiedlichen Klassifikationen erläutert sowie die Auswirkungen körperlicher Aktivität auf die psychische und physische Gesundheit thematisiert.

Kapitel 3 beschäftigt sich mit dem Bewegungsverhalten von Kindern, Jugendlichen und Erwachsenen auf nationaler und internationaler Ebene. Ergänzend werden die Ursachen und Folgen des Bewegungsmangels thematisiert.

Kapitel 4 behandelt Auswirkungen der COVID-19 Pandemie auf das Bewegungsverhalten und beschreibt diesbezüglich die damit verbundene Änderung des Bewegungsverhaltens

In Kapitel 5 werden die gesammelten Daten der empirischen Forschungsmethode analysiert, interpretiert und diskutiert.

Kapitel 6 dient letztendlich der Zusammenfassung und endgültigen Beantwortung der Forschungsfragen. Im Rahmen dieser Bachelorarbeit sollen folgende Forschungsfragen beantwortet werden:

> Welchen Stellenwert hat Bewegung für die physische und psychische Gesundheit?

> Wie sieht das Bewegungsverhalten verschiedener Altersgruppen im nationalen und internationalen Kontext aus?

> Wie hat sich das Bewegungsverhalten der Bevölkerung aufgrund der COVID-19 Pandemie verändert?

> Welche Faktoren sind auf die Änderung des Bewegungsverhaltens während der COVDI-19 Pandemie zurückzuführen?

2. Der Gesundheitsfaktor Bewegung

2.1 Grundbegriffe

Laut Caspersen et al. (1985, S126) bezeichnet man Bewegung als

„any bodily movement produced by skeletal muscle that results in energy expenditure".

Weiters versteht man unter Bewegung im Allgemeinen die Änderung der Position und Lage eines Körpers im Raum. Nur wenn Kräfte auf den Körper einwirken, kann Bewegung stattfinden. Konkret auf die Bewegung beim Menschen bezogen bedeutet dies, dass zwischen inneren Kräften, zumeist Muskel-Sehen-Komplexe, oder äußeren Kräften wie beispielsweise Gravitation, Reibung oder Zentrifugalkraft, unterschieden werden muss. Aufgrund der großen Anzahl an Gelenken hat der Mensch ein hohes Maß an Bewegungsmöglichkeiten, wodurch komplexe Bewegungsabläufe ermöglicht werden. Diese Bewegungen sind in Abstimmung mit den äußeren Kräften das Ergebnis eines Zusammenspiels zwischen Zentralnervensystem und Muskelsystem (Güllich & Krüger, 2013).

Eine Bewegung, welche durch Kontraktion der Skelettmuskulatur hervorgerufen wird und mit einem substanziell ansteigenden Energieverbrach einhergeht, bezeichnet man als körperliche Aktivität (Caspersen et al., 1985). Sie kann mit unterschiedlicher Intensität und in verschiedenen Ausprägungen durchgeführt werden. Als gesundheitsrelevante körperliche Aktivitäten werden all jene Bewegungsformen bezeichnet, bei denen das Verletzungsrisiko gering ist und die Gesundheit verbessert wird. Als Beispiele können aktive Mobilität wie zügiges Gehen oder Radfahren, Tanzen, Gartenarbeiten wie Laubrechen, aber auch diverse Sportarten angeführt werden. Die körperliche Aktivität wird nach dem Kontext, in dem die Bewegung praktiziert wird, eingeteilt. Demnach kann diese während der Arbeit, zur Fortbewegung, bei Arbeiten im und außerhalb des Hauses und in der Freizeit stattfinden (Miko et al., 2020). Körperliche Fitness bezeichnet bestimmte Merkmale von Personen, die in engem Zusammenhang mit der Fähigkeit, körperliche Aktivitäten auszuführen, stehen. Beeinflusst wird diese durch die Art und das Maß der körperlichen Ertüchtigung, genetische Faktoren, dem Lebensstil und dem aktuellen Gesundheitszustand. Aufgrund der Tatsache, dass Sport ein enorm heterogenes Phänomen mit vielschichtigen Bedeutungen ist, kann dieses nicht exakt beschrieben und abgegrenzt werden. Sportliche Aktivitäten können sowohl Aspekte der Gesundheit und des Wohlbefindens als auch der Leistung und des Wettkampfes beinhalten (Mensink, 2003).

2.2 Gesundheitliche Auswirkungen von Bewegung

Mittlerweile sind sich viel Menschen der Bedeutung von Bewegung für die körperliche und geistige Gesundheit bewusst, jedoch wissen die wenigsten, warum diese zu einer Erhöhung des allgemeinen Wohlbefindens beiträgt. In der heutigen technologiebetriebenen Welt wird oftmals vergessen, dass der menschliche Organismus für Bewegung ausgelegt ist (Ratey & Hagermann, 2009). Der Bewegungsmangel hat sich in den letzten Jahren als zunehmendes Problem der modernen Gesellschaft herausgestellt. Zahlreiche chronische Krankheiten sind durch Bewegungsmangel in entscheidendem Ausmaß mitverursacht. Die notwendigen Bewegungsaktivitäten im Alltag sind durch die Technisierung unserer Umwelt auf ein Minimum reduziert worden, sodass die notwendigen Reize für den Funktionserhalt der Organe nicht mehr gegeben sind. Als Resultat dieser Entwicklung kommt es nicht nur zu einem Funktionsverlust, sondern auch zur Störung im Zusammenwirken verschiedener Organe im Sinne von physischen und psychischen Krankheiten (Liedtke, 2007).

2.2.1 Physische Auswirkungen von Bewegung

Damit der Körper der erhöhten Belastung während körperlicher Aktivität gewachsen ist, werden zahlreiche Adaptionsmechanismen durchgeführt. An vorderster Stelle rangieren belastungsinduzierte Anpassungen in der Arbeitsmuskulatur sowie der positive Effekt auf den Stoffwechsel und das Herz-Kreislaufsystem. Bewegung führt zu einer Ökonomisierung der Herzfunktion, sprich die Herzfrequenz, Herzarbeit und der Sauerstoffverbrauch des Herzmuskels nehmen in Ruhe und bei körperlicher Aktivität ab (Neumann et al., 1998). Genauer betrachtet bewirkt es eine gleichmäßige Vergrößerung des Herzens und bei ausreichender Intensität auch zur Verdickung der Ventrikelwand (Sportherz). Ferner spielen die Änderungen der Endothelfunktion sowie jene des Gefäßtonus eine Rolle, insbesondere bei vorhandenen Risikofaktoren oder vaskulären Erkrankungen. Durch diese Trainingsadaption des Herzens wird, wie eingangs erläutert, eine Funktionsökonomisierung und letztlich eine erhöhte Leistungsfähigkeit hervorgerufen (Bachl et al., 2018).

Ein weiterer positiver Effekt ist die Veränderung der Fließeigenschaft des Blutes. Der Fibrinogenspiegel sinkt und die fibrinolytische Aktivität wird bei gleichzeitiger Abnahme der Thrombozytenaggregation gesteigert, das heißt, die Blutgerinnung wird physiologisch gehemmt und jene Mechanismen, die Blutgerinnsel auflösen, werden verbessert, wodurch die Tendenz zur Thromboseerkrankung minimiert wird. Speziell bei Sporttreibenden, die mit Gefäßerkrankungen zu kämpfen haben, sind diese Effekte von großer Bedeutung. (Neumann et al., 1998)

Die Fähigkeit des Muskels, ATP durch die Resynthese zu bilden, steigt. Daraus resultiert, dass Kontraktionen ökonomischer ablaufen und weniger ATP-Spaltungen und Kreatinphosphat-Abbau nötig sind. Aufgrund einer effizienteren Sauerstoffnutzung nimmt die Fähigkeit der Muskulatur zur Energiegewinnung freie Fettsäuren aus den Fettdepots zu aktivieren und vermehrt Fettsäuren in der Muskelzelle zu verstoffwechseln, zu. Dies geschieht primär durch die schnellere und damit vermehrte Einschleusung der Fettsäuren in die Mitochondrien, wodurch deutlich weniger Glykogen in der Leber und der Muskulatur abgebaut und verbrannt wird. (Muster & Zielinski, 2006).

Regelmäßige Bewegung führt durch eine vermehrte Zahl von Myofibrillen und Sakromeren zu einer Zunahme der Muskelmasse, ob die Zahl der Muskelzellen wächst, ist allerdings umstritten. Die Anzahl der langsam zuckenden Muskelfasern (ST-Muskelfasern) steigt. Die Zellen dieses speziellen Muskelfasertyps besitzen einen großen Triglyzeridspeicher und gute oxidative Fähigkeiten und sind daher für Ausdauerleistungen prädestiniert. Zahlreiche Studien belegen, dass durch Bewegung die Kapillardichte und der Kapillarquerschnitt verbessert werden. Eine hohe Anzahl von Kapillaren ist ein Charakteristikum von Personen, die regelmäßig Ausdauertraining betreiben und sorgt für einen schnellen Austausch von Gasen, Substraten und Stoffwechselprodukten zwischen Blut und Gewebe (ebd.). Körperliche Aktivität führt weiters zur Biogenese zusätzlicher Mitochondrien. Das Mitochondrienvolumen der Skelettmuskulatur korreliert positiv mit der VO_{2max} und der mechanischen Leistung im Dauerleistungsbereich. Die VO_{2max} gibt an, wie viel Milliliter Sauerstoff der Körper im Zustand der Ausbelastung maximal pro Minute verwerten kann. Größere Mengen an Mitochondrien sind dazu in der Lage, einen höheren Anteil an ATP durch die Oxidation von Nährstoffen wie Kohlenhydraten oder Fetten zu regenerieren (Ferrauti, 2020).

Bewegung, speziell Krafttraining, führt zu einem Zuwachs der Muskulatur und einem damit verbundene Kraftzuwachs, einer Erhöhung der Knochendichte sowie zu einer Verbesserung der inter- und intramuskulären Koordination. Dieser bringt nicht nur im Leistungsalter, sondern vor allem auch in höherem Lebensalter einige Vorteile mit sich. Längere Selbstständigkeit, Unfallprophylaxe und ein Zugewinn der Lebensqualität sind hierbei als zentrale Aspekte anzusehen. Die erhöhte Kraftfähigkeit der Muskeln wird im Wesentlichen durch Anpassungen des Nervensystems, der Muskulatur und des Stoffwechsels erzielt. Durch neuronale Anpassungen werden das Zusammenspiel der Skelettmuskulatur optimiert und die Muskelfasern eines Muskels weitgehend vollständig, gleichzeitig und mit hoher Frequenz aktiviert. Durch eine Umstrukturierung relevanter Zellbestandteile und einer vermehrten Einlagerung von Energieträgern wird der Energiestoffwechsel modifiziert. Demnach kommt es zu einer zunehmenden Einlagerung von energiereichen Substanzen wie dem Kreatinphosphat, dem Glykogen oder dem Adenosintriphosphat, welches bei der Kontraktion der Muskulatur eine wesentliche Rolle spielt (Pauls, 2014). Außerdem kommt es zu einem Dickenwachstum der Muskulatur, was als Muskelhypertrophie bezeichnet wird. Diese resultiert aus der Zunahme der Anzahl an Myofibrillen und deren Durchmesservergrößerung und wird bei einer Belastung von 75-80% der Maximalkraft vorrangig erzielt (Weineck, 2002).

Über das Wachstum der krafterzeugenden Proteinstrukturen hinaus kommt es in weiterer Folge auch zu einer Verdickung des Muskels durch eine Vermehrung des Sarkoplasmas. Dieses bezeichnet eine Flüssigkeit zwischen den Muskelfibrillen innerhalb der einzelnen Muskelfasern, welche durch den hohen Gehalt an Enzymen und gespeicherten Energieträgern gekennzeichnet ist. (Pauls, 2014). Nicht nur der aktive, sondern auch der passive Bewegungsapparat wird durch körperliche Aktivität positiv beeinflusst. Durch die erhöhte Belastung auf die Knochen, Knorpel, Sehnen und Bänder verändern sich diese Strukturen dahingehend, dass sie ebendiesen erhöhten Krafteinwirkungen standhalten können und so Verletzungen weitgehend unterbunden werden können. Regelmäßige Bewegung provoziert eine progressive Steigerung der Sehnen- und Bänderelastizität, wodurch etwaige Rupturen verhindert werden können. Druck-, Zug- und Scherbelastungen stellen die Gestaltungsgröße des Knochens dar, wobei die Muskulatur als lokaler Verursacher fungiert. Demzufolge existiert eine positive Korrelation zwischen der Skelettmuskelmasse und der Knochendichte, da eine kräftigere Muskulatur einen höheren Zugreiz über die Sehnen auf den Knochen ausübt und dieser mithilfe einer verstärkten Bildung von Osteoblasten reagiert (Gottlob, 2020).

Speziell Kinder und Jugendliche haben durch das schnelle Wachstum oft mit den physischen Veränderungen zu kämpfen. Körpergewicht und Größe beeinflussen die Statik und Dynamik des Körpers maßgeblich. Außerdem verkürzen Muskeln verstärkt, wodurch Haltungsschwächen auftreten können (Larsen et. al., 2010). Eine auftretende Fehlbelastung der Wirbelsäule über einen längeren Zeitraum führt zwangsläufig zu ebendieser Haltungsstörung. Wird diese ignoriert und nicht durch Gegenmaßnahmen versucht, die optimale Statik der Wirbelsäule wiederherzustellen, treten oft schmerzhafte Störungen auf. Eine Fehlhaltung ist an einer Abweichung der Wirbelsäule aus ihrer Mittelstellung und einer erhöhten Anspannung der Muskulatur erkennbar (Tilscher & Eder, 2007).

Auch Küster schreibt in einer 2004 veröffentlichten Studie, dass Rückenschmerzen bei Kindern und Jugendlichen aus Dysbalancen und einem Defizit der Rumpfkraft resultieren (Küster, 2004). Die Wirbelsäule spielt durch ihre zentrale Positionierung im Körper eine essenzielle Rolle beim Sport und ist vor allem im Kindes- und Jugendalter vermehrt verletzungsanfällig. Um den unterschiedlichsten Belastungen entgegenwirken zu können, sollte auch bei jungen Menschen die Rumpfstabilität gut ausgeprägt sein (Weineck, 2010). Fehlbelastungen und muskuläre Schwächen führen unter anderem zu einer Verformung der Wirbelsäule. Diese physiologischen Abweichungen treten in Form einer Lordose (Wirbelsäule krümmt sich nach vorne) oder einer Kyphose (Wirbelsäule krümmt sich nach hinten) auf. Ohne Gegenmaßnahmen führt die Lordose zu chronisch degenerativen Veränderungen der rückwärtigen Wirbelanteile (Spondylarthrose) und die Kyphose zu einem degenerativen Prozess der vorderen Wirbelanteile (Osteochondrose). Laterale Verformungen der Wirbelsäule werden als Skoliose bezeichnet (Kapinos et al., 2011). Diesen Haltungsschwächen kann im Kindes- und Jugendalter mit gezieltem Krafttraining noch gut entgegengewirkt werden, da es sich zu diesem Zeitpunkt meist um schlechte Angewohnheiten handelt. In diesem Kontext gilt zu beachten, dass Krafttraining im Kindesalter spielerisch gefördert werden sollte. Im Laufe der Entwicklung vom Kind zum Jugendlichen kann ein inhaltlicher Wandel der Trainingsgestaltung vollzogen werden. Dabei werden diese spielerischen Elemente kontinuierlich durch gezielte und effektivere Übungen ersetzt, welche auch sportartspezifische Komponenten beinhalten. Erst ab der Pubertät sollten erstmals Kraftgeräte zum Einsatz kommen, wie es beim Erwachsenentraining der Fall ist. Da sich Kinder und Jugendliche generell in Physis und Psyche von Älteren unterschieden, sollte das Training dementsprechend adaptiert werden. Prädestiniert sind dafür kraftbetonte vielseitige und abwechslungsreiche Spiele oder auch Circuittraining (Menzi et al., 2007).

Laut Pauls (2014) wirkt sich moderates Krafttraining günstig auf die Gehirnleistungsfähigkeit aus. Neben einer verbesserten Blutversorgung des Gehirns sind auch positive Effekte auf das

Wachstum von Nervenzellen und deren Verschaltung untereinander bekannt. Durch die Aktivität der Muskulatur wird der Nervenwachstumsfaktor BNDF ausgeschüttet, der den Aufbau neuer Nervenzellen im Gehirn fördert. Dieser Umstand kann im Alter einer Alzheimer-Erkrankung oder Demenz entgegenwirken. Eine erhöhte Leistungsfähigkeit spiegelt sich vor allem in den exekutiven Funktionen wider, welche beispielsweise beim Planen und Koordinieren von Handlungen, beim Multitasking und bei der Gedächtnisleistung eine zentrale Rolle einnehmen (Pauls, 2014).

Körperliche Ertüchtigung stellt gemäß den thematisierten positiven Auswirkungen eine essentielle Komponente für das körperliche Wohlbefinden sowohl bei Kindern als auch bei Erwachsenen dar. Speziell für Personen, die an alters- oder ernährungsbedingen Gefäßerkrankungen wie beispielsweise Arteriosklerose oder diabetische Angiopathie leiden, aber auch bei Stoffwechselproblemen wie Diabetes ist regelmäßige Bewegung unumgänglich. Bewegung wirkt sich nicht nur positiv auf die Physis, sondern auch auf die Psyche aus.

2.2.2 Psychische Auswirkungen von Bewegung

Kausal interpretierbare generelle Zusammenhänge zwischen sportlicher Aktivität und psychischer Gesundheit lassen sich per se nicht ausfindig machen, wohl aber Zusammenhänge zwischen sportlicher Aktivität und spezifischen Parametern psychischer Gesundheit. Zu diesem Schluss kommen zahlreiche Reviews und Metaanalysen, welche zu dieser Thematik durchgeführt wurden. Eine weitere zentrale Erkenntnis betrifft die Wirkrichtung sportlicher Aktivitäten. Regelmäßige Bewegung verbessert einerseits negativ emotionale und psychische Zustände, andererseits werden positiv emotionale und psychische Parameter aufgebaut und stabilisiert (Güllich & Krüger, 2013).

Laut Morgan (1997) hat Bewegung eine präventive und rehabilitative Wirkung auf Angst, Depression, Stressresistenz, Stimmung und Wohlbefinden, Selbstkonzept und kognitive Funktionen. Die Ergebnisse einer Studie von Harvey et al. aus dem Jahr 2018 offenbaren in diesem Kontext, dass etwa 12% der Depressionen vermieden werden können, wenn mindestens eine Stunde Sport pro Woche betrieben wird. Menschen, die regelmäßig über einen längeren Zeitraum sportlich aktiv sind, erleben diesbezüglich positive Effekte auf die Stimmung, den Spannungszustand und die psychische Verfassung im Allgemeinen. Diese

Wirkungen ergeben sich aus den unspezifischen Wirkfaktoren der Bewegung und aus sportartspezifischen neurobiologischen Veränderungen. Als unspezifische Wirkfaktoren werden beispielsweise die Verbesserung der körperlichen Gesundheit und das daraus resultierende psychische Wohlbefinden bezeichnet (Claussen et al., 2020). Ein moderates körperliches Training hat einen direkten Einfluss auf die Sekretion von Cortisol, welches zum Beispiel bei Stress und Depressionen erhöht ist. In der Regel wird dies von vielen Menschen als positiv wahrgenommen und zum Stressabbau genutzt. Weiters konnte die Auswirkung der körperlichen Aktivität auf Neurotransmitter wie Noradrenalin oder Serotonin bereits als ergänzende Behandlungsmöglichkeit bei depressiven Menschen genutzt werden (ebd.).

Ob Bewegung neben psychologischen Therapieformen und Pharmakotherapie als Therapiemittel für psychische Erkrankungen jeglicher Art fungieren kann, ist allerdings noch unklar. Wissenschaftlich begründete Handlungsempfehlungen an die klinische Praxis, durch körperliche Aktivität nennenswerten Einfluss auf die Rehabilitation von zum Beispiel Angst- oder Depressionspatienten zu nehmen, sind derzeit noch nicht vertreten. Ein wesentlicher Aspekt, welcher für die Therapie psychischer Erkrankungen mittels Bewegung spricht, sind die deutlich geringeren unerwünschten Nebenwirkungen, welche in den meisten Fällen bei Psychopharmaka auftreten. Eine erwünschte Nebenwirkung ist hingegen der Effekt einer regelmäßigen sportlichen Aktivität auf körperliche Gesundheitsparameter wie beispielsweise auf die Funktion des Herzkreislaufsystems, den Stoffwechsel oder den passiven Bewegungsapparat, welche häufig in Zusammenhang mit psychischen Erkrankungen stehen. Im Gegensatz zu einer medikamentösen Behandlung ist die Therapie mithilfe von Bewegung nicht zeitlich begrenzt, sondern kann ein Leben lang eingesetzt werden (Alfermann & Pfeffer, 2009).

3 Bewegungsverhalten

Wie bereits in Kapitel 2 erläutert, stellt Bewegung einen wichtigen Aspekt für die Gesundheit des Menschen dar und kann bei regelmäßigem Praktizieren die Lebenserwartung deutlich erhöhen. Aus diesem Grund wird im Folgenden genauer auf das Bewegungsverhalten verschiedener Altersgruppen auf nationaler und internationaler Ebene eingegangen und die persönlichen sowie ergänzend die gesellschaftlichen Auswirkungen mangelnder körperlicher Aktivität thematisiert.

3.1 Bewegungsverhalten von Kindern und Jugendlichen in Österreich

Die HBSC (Health Behaviour in School-aged Children)-Studie ist die größte europäische Kinder- und Jugendgesundheitsstudie und wird in enger Kooperation mit dem Europabüro der Weltgesundheitsorganisation von einem interdisziplinären Forschungsnetzwerk aus mittlerweile 46 Länder im Vier-Jahres-Rhythmus durchgeführt und bietet somit eine hervorragende Datengrundlage für die Kinder- und Jugendgesundheit. Ziel dieser Studie ist es, die Gesundheit- und das Gesundheitsverhalten von Kindern- und Jugendlichen ab der 5. Schulstufe zu erheben und allgemeine Entwicklungen diesbezüglich aufzuzeigen. In Österreich wird diese bei 11-, 13-, 15- und 17-Jährigen durchgeführt. Die zuletzt veröffentlichten Ergebnisse stammen aus dem Schuljahr 2017/2018, eine ähnliche Befragung österreichischer Lehrlinge wurde im Schuljahr 2018/2019 durchgeführt. Sowohl Schüler*innen als auch Lehrlinge wurden gefragt, wie oft sie normalerweise in ihrer Freizeit körperlich aktiv sind. Weiters wurde erhoben, ob sie Einzel- oder Teamsport in einem Sportverein oder ähnlichen Einrichtungen betreiben. Als Empfehlung wurde formuliert, dass die Personen in Vereinen Sport betreiben oder mindestens 4-mal pro Woche sportlich aktiv sein sollen. Die aktuellen Ergebnisse dieser Studie sind in Abbildung 1 dargestellt (Mayer et al., 2020).

Erhebung	Jahr	Stichprobe/ Population	Bewegungsempfehlung	Burschen	Mädchen	gesamt
HBSC	2017/18	4196 Schülerinnen und Schüler, 11 und 13 Jahre alt	Tägliche körperliche Bewegung *	27,2 %	17,1 %	22,2 %
			4 Mal pro Woche oder öfter sportlich aktiv * *	70,9 %	63,9 %	67,4 %
			Teilnahme an organisierten Team- oder Einzelsportaktivitä-ten, 2 Mal pro Woche oder öfter	63,5 %	47,8 %	55,7 %
HBSC	2017/18	3293 Schülerinnen und Schüler, 15 und 17 Jahre alt	Tägliche körperliche Bewegung *	14,0 %	6,3 %	9,2 %
			4 Mal pro Woche oder öfter sportlich aktiv * *	53,7 %	35,2 %	42,1 %
			Teilnahme an organisierten Team- oder Einzelsportaktivitä-ten, 2 Mal pro Woche oder öfter	45,9 %	24,4 %	32,5 %
Lehrlingsstudie	2018/19	2001 Lehrlinge, 15–21 Jahre alt	4 Mal pro Woche oder öfter sportlich aktiv * *	32,4 %	16,1 %	24,8 %
			Teilnahme an organisierten Team- oder Einzelsportaktivitä-ten, 2 Mal pro Woche oder öfter	28,8 %	16,8 %	23,2 %

* mit zumindest mittlerer Intensität, jeweils mindestens 1 Stunde; * * in der Freizeit, körperliche Aktivität mit Schwitzen und/oder außer Atem kommen. HBSC = Health Behaviour in School-aged Children. Quellen: Eigene Darstellung nach [1, 2].

Abbildung 1: Anteil der älteren Kinder und Jugendlichen in Österreich, die verschiedene Aspekte der Bewegungsempfehlungen erfüllen (Mayer et al., 2020, S.198)

Anhand dieser Abbildung ist ersichtlich, dass jüngere Schüler*innen die Bewegungsempfehlungen eher erfüllen als ältere. Lehrlinge betreiben in ihrer Freizeit im Durchschnitt weniger Sport als ungefähr gleichaltrige Schüler*innen und sind seltener in einem Sportverein aktiv. Durchgängig fallen in den drei unterschiedlichen Gruppen die geschlechtsspezifischen Unterschiede zu Ungunsten der Mädchen auf, diese sind pro Woche deutlich inaktiver. Wie eingangs beschrieben, stammen diese Daten aus dem Jahr 2017/2018. Da diese Daten selbstberichtet sind, unterliegen sie den damit verbundenen Einschränkungen. Außerdem sind die Fragen zum Bewegungsverhalten in den verschiedenen Umfragen unterschiedlich formuliert und unterschiedliche Methoden wurden angewendet, sodass die Ergebnisse der Datenerhebungen nur schwer miteinander vergleichbar sind.

3.2 Bewegungsverhalten von Erwachsenen in Österreich

Die Österreichische Gesundheitsbefragung (Austrian Health Interview Survey) ist eine Studie, die regelmäßig von der Statistik Austria in der österreichischen Bevölkerung bei Personen ab 15 Jahren durchgeführt wird (Bundesministerium, 2021). Ziel dieser im Jahr 2014 durchgeführten Studie, bei der Daten von 15711 Personen analysiert wurden, ist es, das individuelle

Bewegungsverhalten mittels EHIS-PAQ (Physical Activity Questionnaire of the European Health Interview Survey) zu erheben. Hierbei handelt es sich um einen 8-Item Fragebogen, mit dem nach der körperlichen Aktivität während der Arbeit, nach dem aktiven Mobilitätsverhalten, nach körperlichen Aktivitäten in der Freizeit und nach muskelkräftigenden Aktivitäten gefragt wird. Gezählt wurden nur jene Aktivitäten, die länger als 10 Minuten am Stück andauerten. Bei einer zweiten Befragung, dem österreichischen Bewegungsmonitoring im Jahr 2017, wurden 4000 Personen ab dem Alter von 15 Jahren zu ihrem individuellen Bewegungsverhalten befragt. Dabei wurde der GPAQ (Global Physical Activity Questionnaire) verwendet. Wie auch bei der Gesundheitsbefragung mittels EHIS-PAQ wurden hierbei ebenfalls nur Aktivitäten mit einer Dauer von mindestens 10 Minuten am Stück inkludiert. Die aktuellen Ergebnisse dieser Studien sind in Abbildung 2 dargestellt (Dorner et al., 2020).

Erhebung	Jahr	Stichprobe/ Population	Bewegungsempfehlung	Männer	Frauen	gesamt
AT-HIS	2014	15770 Personen ab 15 Jahren	Ausdauerorientierte Bewegung, zumindest 150 Min. pro Woche mit zumindest mittlerer Intensität oder Radfahren	53,1%	47,2%	50,1%
			Muskelkräftigende Aktivitäten mindestens 2-mal pro Woche	36,8%	30,0%	33,3%
Bewegungsmonitoring	2017	4000 Personen ab 15 Jahren	Mindestens 150 Min. pro Woche Bewegung mit mittlerer oder 75 Min. pro Woche mit höherer Intensität in der Freizeit oder beim Sport	46%	38%	42%
			Muskelkräftigende Aktivitäten mindestens einmal wöchentlich	23%	14%	18%

AT-HIS = Österreichische Gesundheitsbefragung (Austrian Health Interview Survey) Quellen: Eigene Darstellung nach [9, 10].

Abbildung 2: Anteil der erwachsenen österreichischen Bevölkerung, der die Bewegungsempfehlungen erfüllt (Mayer et al., 2020, S.199)

Gemäß der Gesundheitsbefragung mittels EHIS-PAQ erfüllte die Hälfte aller Teilnehmer*innen (50,1%) die vorgesehene Minimalanforderung von 150 Minuten Bewegung pro Woche mit mittlerer Intensität für Ausdaueraktivitäten in der Freizeit und ein Drittel (33,3%) erfüllte die minimale Empfehlung für muskelkräftigende Aktivitäten von zumindest zweimal pro Woche. Außerdem fallen in beiden Bereichen geringfügige, geschlechtsspezifische Unterschiede zugunsten der Männer auf. Beim österreichischen Bewegungsmonitoring erfüllten 42% der Österreicher*innen die Mindestempfehlung von wenigstens 150 Minuten ausdauerspezifischer

Bewegung mit mittlerer oder 75 Minuten ausdauerbetonter Bewegung mit hoher Intensität pro Woche in ihrer Freizeit. Dies war bei 46% der Männer und 38% der Frauen der Fall. Muskelkräftigende Aktivitäten im Umfang von mindesten einmal pro Woche werden von 18% aller Befragten (23% der Männer und 14% der Frauen) durchgeführt.

3.3 Bewegungsverhalten im internationalen Vergleich

Laut der HBSC-Befragung aus dem Jahr 2014 lagen die österreichischen Kinder im Alter von 11 und 13 Jahren ungefähr im Durchschnitt aller 42 Länder, in denen diese Untersuchung durchgeführt wurde. Genauer betrachtet lag Österreich bei den 11-Jährigen auf Platz 14 und bei den 13-Jährigen auf Platz 18. Nur die Ergebnisse der Jugendlichen im Alter von 15 Jahren unterschieden sich drastisch, da Österreich in dieser Kategorie lediglich den 37. Rang belegte und damit weit unter dem Durchschnitt lag. Länder mit vergleichsweise höherem Aktivitätsniveau waren beispielsweise Spanien, Bulgarien, Albanien oder die Ukraine. Bei den Erwachsenen wurde ein internationaler Vergleich mittels Eurobarometer 472 durchgeführt, welcher zeigt, dass der Bewegungsumfang in Österreich etwas über dem Durchschnitt liegt. In der EU berichteten 46% davon, nie Sport zu betreiben oder sich zu bewegen, in Österreich gaben dies etwa 40% der Bevölkerung an. Auch der relative Anteil jener Personen, die nach eigenen Angaben zusätzlich zu Sport nie anderen körperlichen Aktivitäten wie beispielsweise Radfahren, Tanzen oder Gartenarbeiten nachgehen, war in Österreich mit 27% geringer als im EU-Durchschnitt (35%). In den skandinavischen Ländern sowie in den Niederlanden, Belgien, Luxemburg und Slowenien ist der Prozentsatz an Personen, die sich viel und häufig bewegen, im EU-Vergleich besonders hoch. Zu den Ländern, deren Einwohner*innen einen auffallend niedrigen Bewegungsumfang verzeichnen, zählen Portugal, Italien, Malta, Zypern, Rumänien, Spanien, Bulgarien und Griechenland. Somit sind in Europa tendenziell sowohl ein West-Ost- als auch ein Nord-Süd-Gefälle im Bewegungsumfang zu erkennen (Mayer et al., 2020). Diese Unterschiede sind auf die verschiedenen sozialen Schichten zurückzuführen, da sportliche Aktivität in der Mittel- und Oberschicht weiter verbreitet ist als in der Unterschicht. Bildung und Wohlstand korrelieren positiv mit dem Bewegungsverhalten, je höher der Bildungsgrad, desto höher das Ausmaß an körperlicher Aktivität (Rütten et al., 2005).

3.4 Ursachen und Folgen des Bewegungsmangels

Unter dem Begriff Bewegungsmangel versteht man die muskuläre Beanspruchung, welche unterhalb einer bestimmten Reizschwelle liegt, deren Überschreitung zum Erhalt der funktionellen Kapazität nötig ist (Hollmann & Hettinger, 2000). Wie anhand von Abbildung 1 und Abbildung 2 erkennbar, erfüllen etwa 50% der österreichischen Bevölkerung aus unterschiedlichen Altersgruppen das Mindestmaß an körperlicher Aktivität pro Woche nicht. Dieser drastische Mangel an Bewegung beeinflusst das Verhalten und die Lebensqualität erheblich. Neben der zunehmenden Urbanisierung, Technologisierung und audiovisuellen Medien spielen familiäre Vorbilder eine wesentliche Rolle. Marshall et al. (2004) untersuchte in einer Metaanalyse den Zusammenhang zwischen dem Körperfettanteil sowie der körperlichen Aktivität und Fernsehen, Video,- und Computerspielen. Die Zusammenhänge zwischen dem Körperfettanteil und Fernsehen und Computer waren zwar signifikant, jedoch zu gering, um als relevant eingestuft zu werden. Weiters korrelierten die körperliche Aktivität und Fernsehen beziehungsweise Computer ebenfalls negativ, hierbei konnte der Einfluss ebenfalls nur als gering klassifiziert werden. Daraus resultiert, dass die Kausalität zwischen sitzender Tätigkeit und Gesundheit nicht alleine durch den Medienkonsum dargestellt werden kann, sondern auch andere Faktoren wie beispielsweise die mangelnde Alltagsaktivität einen erheblichen Betrag bezüglich Bewegungsmangel leisten.

Die Folgen von körperlicher Inaktivität sind für Erwachsenen wissenschaftlich fundiert. So kommt es zunächst zu einer Reduktion der körperlichen Leistungsfähigkeit beziehungsweise Fitness. Eine Abnahme der Fitness ist mit einer erhöhten kardiovaskulären Morbidität und Mortalität gekoppelt. Ergänzend wird das Risiko für Stoffwechselerkrankungen wie zum Beispiel Typ-2-Diabetes verstärkt. Gleichzeitig können Beeinträchtigungen des Bewegungsapparates, des Kreislaufsystems oder des Immunsystems hervorgerufen werden. Außerdem kann Bewegungsmangel die persönliche Entwicklung eines Kindes negativ beeinflussen, da die Entwicklung eines positiven Selbstkonzepts, emotionaler und sozialer Stabilität sowie kognitiver Kompetenz auf der Strecke bleibt (Graf et al., 2006). Ohne ein adäquates Maß an Bewegung fehlen den Kindern somit Reize, die für eine weitere Entwicklung essentiell sind. Einschränkungen in der Qualität und Quantität von Bewegungserfahrungen können in weiterer Folge zu motorischen Unruhen, Ungeschick und Bewegungsunlust sowie emotionaler Labilität, Antriebsstörungen und Konzentrationsschwächen führen (ebd.).

Diese thematisierten Einbußen verringern nicht nur das individuelle körperliche Wohlbefinden, sondern können auch den Lebensstandard negativ beeinflussen, da eine Arbeitsunfähigkeit wegen psychischen oder physischen Erkrankungen weit verbreitet ist. Durch klinische Behandlungen von Krankheiten, welche weitgehend durch körperliche Aktivität kompensiert werden könnten, wird das Gesundheitssystem verstärkt belastet. In einer internationalen Studie wurden die Kosten für koronare Herzkrankheiten, Herzinfarkt, Diabetes mellitus Typ 2 sowie Darm- und Brustkrebs, sprich jene Krankheiten, welche aufgrund von Bewegungsmangel entstehen können, geschätzt. Weltweit belaufen sich diese Kosten auf etwa 53,8 Milliarden Dollar (45,2 Milliarden Euro), von denen zirka 9,7 Milliarden Dollar (8,15 Milliarden Euro) für private Haushalte anfallen (Ding et al., 2016).

Aufgrund der hohen Relevanz von Bewegung sowohl auf persönlicher als auch auf gesellschaftlicher Ebene wird im folgenden Kapitel der Einfluss der COVID-19-Pandemie auf die Gesundheit und das Bewegungsverhalten untersucht.

4 COVID-19-Pandemie

Die COVID-19 Krise ist der weltweitweite Ausbruch der Atemwegserkrankung COVID-19 und hat das Verhalten der Bevölkerung auf unterschiedlichste Weise verändert. Die Pandemie stellt Menschen individuell wie auch Gesellschaften vor neue Herausforderungen, welche in vielerlei Hinsicht das Gesundheitsverhalten betreffen. Da unmittelbar nach dem Ausbruch noch keine Impfung gegen eine SARS-CoV-2 Erkrankung existierte, bestehen die Schutzmaßnahmen überwiegend aus Verhaltensempfehlungen wie beispielsweise Abstand halten, der Reduzierung der sozialen Kontakte, dem Tragen von alltagstauglichen FFP2-Masken sowie dem Einhalten der Hygieneregeln. Die verordneten Richtlinien der Regierung und die damit verbundenen Einschränkungen im öffentlichen Leben reduzieren die Möglichkeit der körperlichen Aktivität drastisch. Dies ist insofern problematisch, als dass Faktoren wie Rauchen, übermäßiger Alkoholkonsum, unausgewogene Ernährung und körperliche Inaktivität indirekt für einen schwereren Verlauf der Erkrankung verantwortlich sein können (Jordan et al., 2020)

4.1 Auswirkungen der COVID19-Maßnahmen auf das Bewegungsverhalten

Durch die Schließung von Sportanlagen, öffentlichen Sporträumen oder Parkanlagen sind die Menschen, während der COVID-19-Pandemie ihrer gewohnten Bewegungsprogramme und sozialen Kontakte beraubt worden, die Auswahl der noch möglichen Sportarten war ebenfalls stark limitiert. Organisierte sportliche Aktivtäten mit Gleichaltrigen in der Schule, im Verein oder in Einrichtungen der offenen Kinder- und Jugendarbeit konnten über einen längeren Zeitraum nicht oder nur mit Auflagen durchgeführt werden. Die negativen Auswirkungen wie beispielsweise ebendieser Verlust von regelmäßigen, strukturierten, gemeinschaftlichen Sport- und Bewegungsaktivitäten inklusive der in diesem Rahmen stattfindenden Bildungsprozesse spüren Kinder aus weniger gut situierten Familien deutlicher als jene aus gut gebildeten und einkommensstarken Elternhäusern (Berk et al., 2020). Dennoch ist es aufgrund von zwei neuen Trends nicht zwangsläufig zu einer Verminderung des Bewegungsverhaltens gekommen. Zum einen stieg das Maß der körperlichen Ertüchtigung innerhalb der Familie vor allem im Freien an, da während der Pandemie die Heranwachsenden vermehrt mit ihren Eltern oder Geschwistern Aktivitäten an der frischen Luft wie beispielsweise Wandern, Radfahren oder Joggen praktizieren. Zum anderen haben die digitalen Sportangebote vor dem Bildschirm zu Hause deutlich zugenommen. In diesem Kontext scheinen Kinder und

Jugendliche trotz der verschlossenen Türen des organisierten Sports sogar mehr als vor der Covid-19 Pandemie zu bewegen (ebd.).

Die MoMO-Studie zeigte im vergangenen Jahr, dass nur 15% der Kinder und Jugendlichen die Empfehlungen für körperliche Aktivität seitens der WHO erfüllen (Woll et al., 2019). Demgegenüber erfüllen nun während dieser Ausnahmesituation 31% der Heranwachsenden das Mindestmaß an Bewegung (Frenken et al., 2020). Dieser drastische Anstieg des Bewegungsumfangs wird auf den Mangel an alternativen Angeboten wie beispielsweise Musikunterricht oder Nachhilfe und die zuvor thematisierten neuen Trends zurückgeführt (Berk et al., 2020). Simultan lässt sich aber laut einer Studie aus dem Jahr 2020, welche sich mit dem Medienkonsum befasst, feststellen, dass die Nutzungszeiten für Gaming werktags um 75% im Vergleich zu der Zeit vor der Covid-19 Pandemie gestiegen sind (DAK-Gesundheit, 2020).

4.2 Die Änderung des Bewegungsverhaltens aufgrund der COVID-19-Pandemie

Der Sport-Dachverband ASKÖ (Arbeitsgemeinschaft für Sport und Körperkultur in Österreich) führte im Jahr 2020 eine Studie durch, welche sich mit der Änderung des Bewegungsverhaltens in Österreich beschäftigte. Mittels Online-Befragung wurden 1007 repräsentativ ausgewählte Personen der österreichischen Bevölkerung zwischen 15 und 74 Jahren im Zeitraum von 9. bis 16. April 2020 befragt. Den Ergebnissen dieser Studie zufolge hat Bewegung und Sport für ein Drittel (34%) der Österreicher*innen an Bedeutung gewonnen, für 49% hat sich diesbezüglich nichts verändert. Für Personen, die in Ausbildung stehen (54%), unter 30-Jährige (48%) und Personen, die durch Corona arbeitslos geworden sind (44%) ist Bewegung wesentlich wichtiger geworden. Konkret auf die Änderung des Bewegungsverhaltens in Österreich bezogen, gaben 19% der Befragten an, mehr Bewegung, nämlich durchschnittlich 3,5 Stunden pro Woche, zu machen. Wiederum 19% der Teilnehmer*innen betreiben im Mittel um 3,6 Stunden weniger Sport pro Woche. Bei 35% der österreichischen Staatsbürger*innen wurde keine Änderung des Bewegungsverhaltens festgestellt und 27% sind generell nicht körperlich aktiv.

Die Ergebnisse der COVID-19 Snapshot Monitoring, einer Onlinebefragung aus dem Jahr 2020 in Deutschland, zeigen, dass sich das freizeitbezogene Aktivitätsniveau sowie die Ausführung von muskelkräftigenden Übungen während der Zeit des Lockdowns verändert haben. Hierfür wurden diese Ergebnisse mit jenen der in den Jahren 2014/2015 erhobenen bevölkerungsweiten Studie Gesundheit in Deutschland aktuell (GEDA) verglichen. Inwiefern sich das gesamte körperliche Aktivitätslevel verändert hat, geht aus diesen Ergebnissen nicht hervor.

Eine Studie aus dem Jahr 2021 in Deutschland legt dar, dass 14- bis 29-Jährige im Vergleich zu den 30- bis 64-Jährigen ihre Sport- und Bewegungsaktivitäten deutlich seltener reduzierten (Mutz & Gerke, 2021).

In einer Onlinequerschnittsbefragung zum Trainingsverhalten der Erwachsenen in Belgien offenbaren sich Ungleichheiten im Aktivitätsverhalten. Personen in einem Alter von mindestens 55 Jahren, jene mit niedriger Bildung und solche, die regelmäßig mit Freunden oder in einem Sportverein aktiv waren, gaben an, während der Phase der Einschränkungen des öffentlichen Lebens weniger Zeit in Sport zu investieren. Insgesamt zeigt die Auswertung der Befragung im März 2020 eine allgemeine Zunahme der Trainingshäufigkeit wie auch des sitzenden Verhaltens im Vergleich zu vorher (Constandt et al. 2020)

Wegen der Aktualität dieser Thematik fehlen derzeit repräsentative Daten, die das körperliche Aktivitätsniveau in den unterschiedlichen Lebensbereichen abbilden und eine differenzierte Auswertung nach Altersgruppe, sozioökonomischem Status und psychosozialen Aspekten ermöglichen. Diese Daten sind notwendig, um detaillierte Aussagen hinsichtlich der Veränderung des Aktivitätsniveaus aufgrund der COVID-19 Maßnahmen für verschiedene Bevölkerungsgruppen zu treffen (Jordan et al., 2020). Daher habe ich im Rahmen meiner Bachelorarbeit eine Umfrage durchgeführt, um weitere Daten bezüglich der Änderung des Bewegungsverhaltens zu erhalten.

5 Methoden und Material

Als Methode der Datenerhebung wurde eine indirekte Befragung mittels Fragebogen durchgeführt, welche Auskunft darüber gibt, wie viele der Teilnehmer*innen wie oft innerhalb eines Sportvereins aktiv sind und wie viel Zeit eine Trainingseinheit in Anspruch nimmt. Außerdem wurde erhoben, ob und mit welcher Häufigkeit sportliche Aktivitäten außerhalb eines Vereins, wie beispielsweise Laufen, Wandern oder Radfahren, ausgeübt werden. Einerseits wurde die Häufigkeit von körperlichen Aktivitäten wie beispielsweise die Anzahl der Fußmärsche zur Arbeit oder jene der körperlich anstrengenden Haus- beziehungsweise Gartenarbeiten vor und andererseits während der Pandemie analysiert, um die Änderung des Bewegungsverhaltens zu ermitteln und statistisch auswerten zu können. Indirekt bedeutet, dass es sich hierbei um eine schriftliche Befragungsform handelt, während dies bei der direkten mündlich geschieht. Diese indirekte Befragung hat gegenüber der direkten Befragung den Vorteil, dass sie online durchgeführt werden kann. Dies ist vor allem dann von großer Bedeutung, wenn die Umfrage, wie in diesem Fall, quantitativ ausgelegt ist. Der Fragebogen mit dem Titel „Bewegungsverhalten" wurde mithilfe des Programms „Microsoft Forms" erstellt und als Hyperlink an die Teilnehmer*innen weitergeleitet. Bei diesem Programm handelt es sich um eine cloudbasierte Web-App, die zum unkomplizierten Erstellen, Teilen und Auswerten von Online-Umfragen eingesetzt werden kann. Die Auswertung der Ergebnisse erfolgte mithilfe des Programms „Microsoft Excel".

5.1 Zusammensetzung der Probandengruppe

Die Teilnehmer*innen der Umfrage sind Studierende im Unterrichtsfach „Bewegung und Sport" und „Biologie und Umweltkunde". Die Berechtigung zur Teilnahme war folglich nicht alters- oder geschlechtsabhängig, jedoch beteiligten sich vorrangig junge Erwachsene im Alter zwischen 19 und 37 Jahren.

5.2 Aufbau des Fragebogens

Der Fragebogen für die indirekte Befragung beinhaltet insgesamt 34 Fragen. Zu Beginn werden die persönlichen Daten der Probanden wie beispielsweise Alter, Geschlecht, Körpergröße oder Gewicht ermittelt. Die Teilnehmer*innen konnten hierbei zwischen den Optionen „stimme voll zu", „stimme eher zu", „stimme eher nicht zu" oder „stimme überhaupt nicht zu" auswählen. Ergänzend wurde gefragt, welchen Stellenwert Bewegung und Sport für sie persönlich einnimmt, die Antwortmöglichkeiten sind ident zu jenen der zuvor gestellten Frage. Beim zweiten Teil werden Fragen, welche sich auf das Verhalten vor den COVID-19 Einschränkungen beziehen, gestellt. Dies sind beispielsweise solche, die die Aktivität in einem Sportverein, die Anzahl der Trainingstage pro Woche sowie die Dauer einer Trainingseinheit erheben. Bei der Frage nach der Anzahl der Trainingstage wurden Antwortmöglichkeiten von einmal bis siebenmal pro Woche sowieso die Option „keine Angabe" angeboten. Bei der Dauer einer diese Trainingseinheiten mussten die Teilnehmer*innen zwischen „0-30 Minuten", „30-60 Minuten", „60-90 Minuten", „90-120 Minuten", „mehr als 120 Minuten" oder „keine Angabe" auswählen. Außerdem wird das individuelle Bewegungsverhalten außerhalb von Tätigkeiten im Zuge eines Sportvereins, wie beispielsweise die Nutzung des Fahrrads oder die Anzahl der zu Fuß zurückgelegten Wegstrecken pro Woche ermittelt. Hierbei standen die Antwortmöglichkeiten „nie", „ein- bis dreimal" und „mehr als dreimal" zur Verfügung. Der letzte Teil des Fragebogens bezieht sich auf das Verhalten seit Beginn der Pandemie. Wiederum beschäftigt sich dieser Abschnitt mit bewegungsspezifischen Aspekten. Konkret wurde hierbei ermittelt, ob die Teilnehmer*innen seit Beginn der Pandemie häufiger mit dem Fahrrad fahren, Kurzstrecken vermehrt zu Fuß zurücklegen oder mehr Zeit mit Garten- oder Hausarbeiten verbringen. Bei diesen Fragen wurden die Antwortmöglichkeiten „ja", „nein" und „weiß nicht" offeriert. Die Fragestellungen sind überwiegend geschlossen in Form von Auswahlfragen, lediglich eine offene Frage wurde gestellt. Bei einigen Fragen ist die Option „keine Angabe" verfügbar, da nicht vorausgesetzt werden kann, dass die Teilnehmer*innen zu allen Fragen eine Antwort geben können oder wollen. Bei den geschlossenen Fragen kann, wie zuvor beschrieben, eine Auswahl aus verschiedenen Antwortmöglichkeiten getroffen werden oder es handelt sich um eine Bewertungsmöglichkeit auf einer fünfstufigen Skala. Weiters besteht bei manchen Fragestellungen die Möglichkeit einer Mehrfachantwort.

6 Analyse und Ergebnisse

6.1 Persönliche Daten

Insgesamt nahmen 41 Personen mit einem durchschnittlichen Alter von 19-37 Jahren an der Umfrage teil, wovon der Anteil der Frauen 76% und jener der Männer 24% beträgt. Die durchschnittliche Körpergröße beläuft sich auf 166,2 Zentimeter und das Körpergewicht auf 64,53 Kilogramm, wodurch sich ein BMI von 23,36 errechnen lässt. 27 Personen studieren das Unterrichtsfach „Bewegung und Sport", was einem relativen Anteil von 65,9% entspricht, die restlichen 14 Teilnehmer*innen (34,1%) „Biologie und Umweltkunde". In Bezug auf die Tatsache, dass regelmäßige körperliche Aktivität zahlreiche positive Effekte auf die Gesundheit mit sich bringt, gaben 40 Personen an, dass sie hiermit völlig übereinstimmen, lediglich eine Person stimmte dieser Aussage nur eher zu. Hinsichtlich des individuellen sportlichen Engagements gaben 11 (26,8%) an, dass Sport laut eigener Einschätzung nicht in ausreichendem Umfang betrieben wird, eine Person (2,4%) möchte nicht körperlich aktiver sein, als dies aktuell der Fall ist. Die übrigen 70,8% meinten, dass sie etwas mehr Sport betreiben möchten.

6.2 Verhalten vor den COVID-19 Einschränkungen

16 Personen gaben an, in einen Sportverein aktiv zu sein. Dies entspricht einer relativen Häufigkeit von 39%. Abbildung 3 zeigt die Anzahl der Trainingseinheiten in einem Sportverein, welche im Durchschnitt bei 2 liegt. Abbildung 4 stellt die durchschnittliche Dauer einer dieser Trainingseinheiten dar.

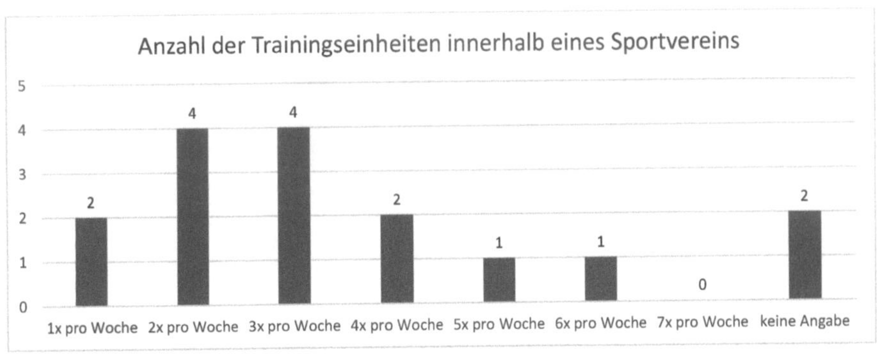

Abbildung 3: Anzahl der Trainingseinheiten innerhalb eines Sportvereins (eigene Darstellung)

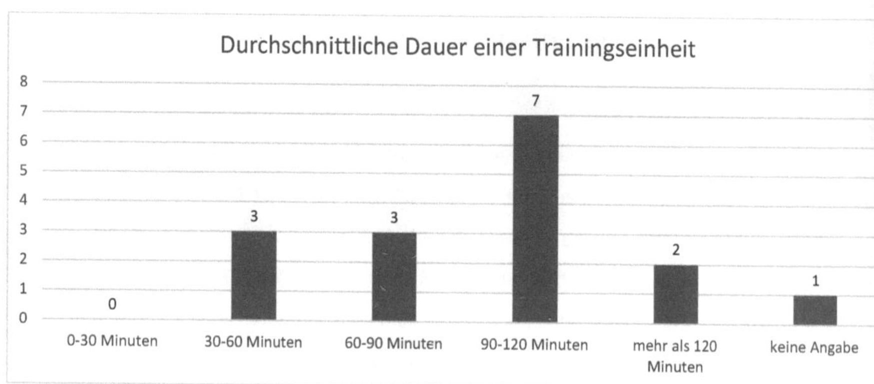

Abbildung 4: Durchschnittliche Dauer einer Trainingseinheit (eigene Darstellung)

75,6% der Befragten gaben an, regelmäßig sportliche Aktivitäten außerhalb eines Vereins wie zum Beispiel Radfahren, Wandern oder Laufen durchzuführen, bei den restlichen 24,4% ist dies nicht der Fall. Abbildung 5 zeigt die Anzahl der Trainingseinheiten außerhalb eines Vereins, Abbildung 6 die durchschnittliche Dauer einer dieser Trainingseinheiten.

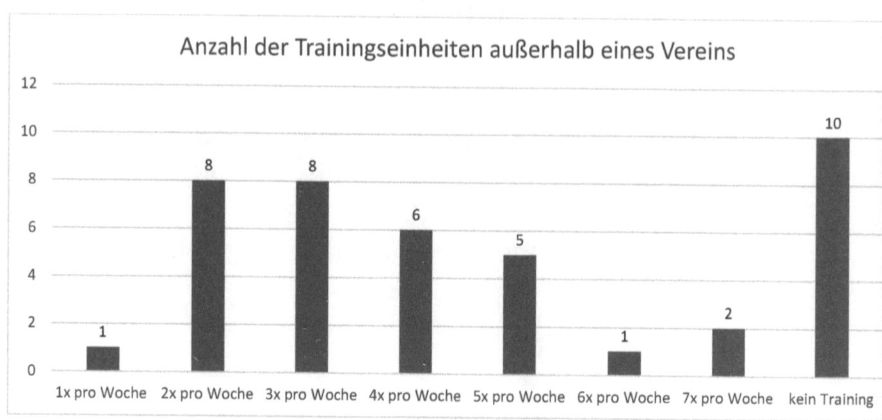

Abbildung 5: Anzahl der Trainingseinheiten außerhalb eines Vereins (eigene Darstellung)

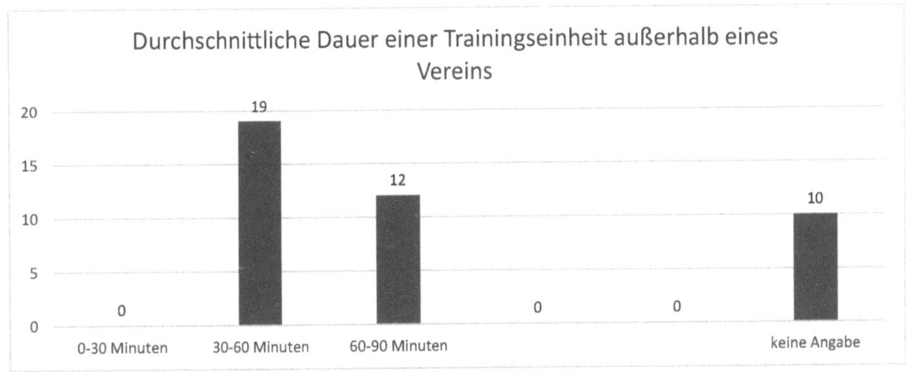

Abbildung 6: Durchschnittliche Dauer einer Trainingseinheit außerhalb eines Vereins (eigene Darstellung)

Die Ergebnisse des Alltagsverhaltens der Befragten wird im Folgenden dargestellt. Abbildung 7 zeigt die absolute Häufigkeit verschiedener körperlicher Aktivitäten vor den Covid-19 Einschränkungen.

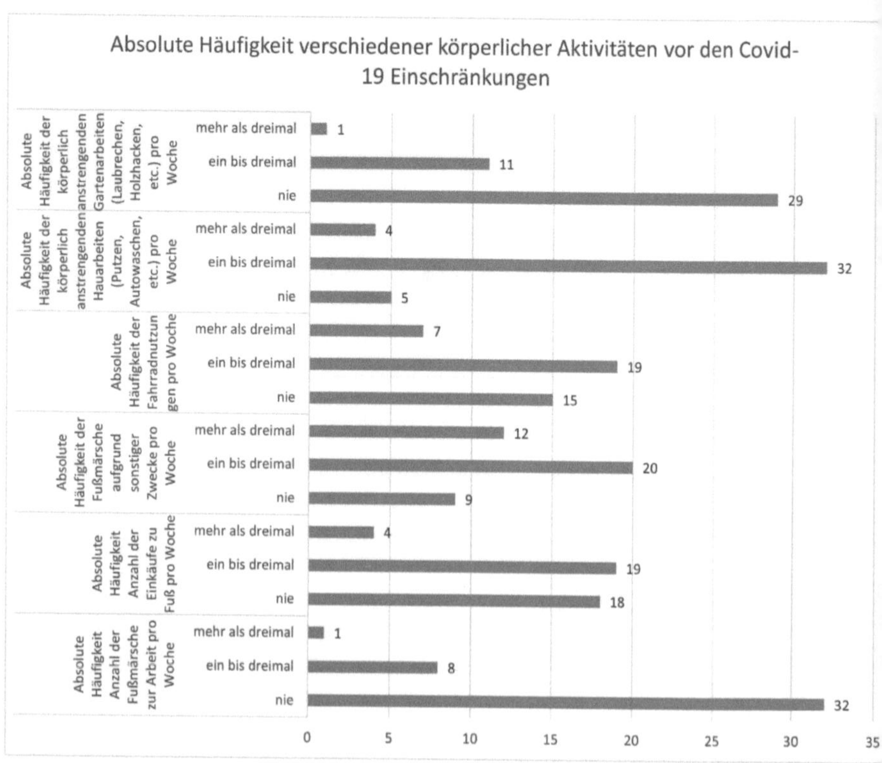

Abbildung 7: Absolute Häufigkeit verschiedener körperlicher Aktivitäten vor den Covid-19 Einschränkungen (eigene Darstellung)

76% der Befragten gaben an, niemals zu Fuß zur Arbeit zu gehen, 20% praktizieren dies etwa ein bis dreimal pro Woche während 2% mehr als dreimal pro Woche den Weg zum Arbeitsplatz zu Fuß zurücklegen. 44% der Teilnehmer*innen erledigen ihre Einkäufe niemals zu Fuß, bei 46% ist dies ein bis dreimal pro Woche und bei 10% mehr als dreimal pro Woche der Fall. Bei der Frage in Bezug auf die Häufigkeit der Fußmärsche aufgrund von sonstigen Zwecken meinten 22%, dass diese trotzdem niemals Wegstrecken zu Fuß zurücklegen, bei 49% ist dies ein- dreimal und bei 29% mehr als dreimal pro Woche der Fall. Hinsichtlich der Anzahl der Fahrradnutzungen pro Woche zeigen die Ergebnisse, dass 37% dieses Fortbewegungsmittel nie verwenden, 46% zumindest ein- dreimal und 17% mehr als dreimal pro Woche. Bei dem Vergleich von körperlich anstrengenden Haus- und Gartenarbeiten gaben 12% an, keinen Arbeiten innerhalb des eigenen Wohnbereichs nachzugehen. Knapp drei Viertel verrichten wenigstens ein bis dreimal und 10% sogar mehr als dreimal pro Woche Arbeiten im Haus. Demgegenüber gaben 71% der Umfrageteilnehmer*innen an, nie Gartenarbeiten durchzuführen, 27% ein- dreimal und lediglich 2% mehr als dreimal pro Woche.

6.3 Verhalten während der COVID-19 Einschränkungen

Abbildung 8 stellt die relative Häufigkeit der Änderung des Sportengagements während der COVID-19 Pandemie dar.

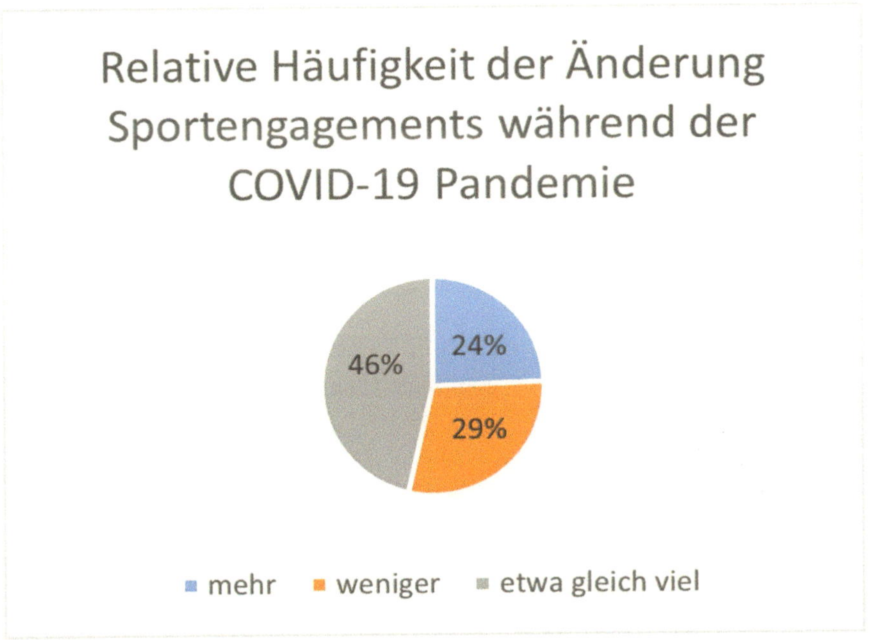

Abbildung 8: Relative Häufigkeit der Änderung des Sportengagements während der COVID-19 Pandemie (eigene Darstellung)

24% der Befragten gaben an, dass sie aufgrund der COVID-19 Pandemie deutlich mehr Sport betrieben, bei 29% hat sich die Anzahl der sportlichen Aktivitäten verringert, während bei den restlichen 46% keine Änderung des Sportengagements feststellbar ist.

Abbildung 9 zeigt die absolute Häufigkeit verschiedener körperlicher Aktivitäten während der Covid-19 Einschränkungen.

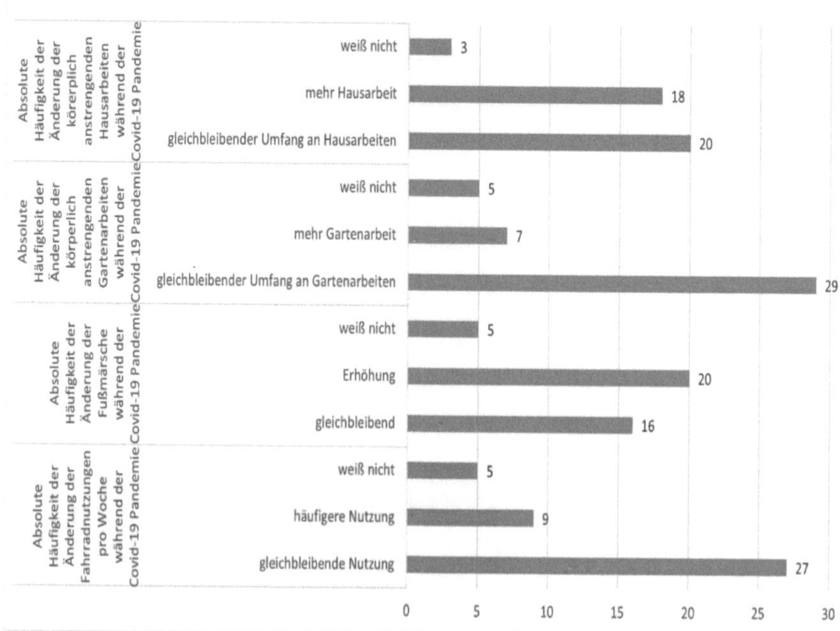

Abbildung 9: Absolute Häufigkeit verschiedener körperlicher Aktivitäten während der Covid-19 Einschränkungen (eigene Darstellung)

Hinsichtlich der Fahrradnutzungen meinten 66%, dass diesbezüglich keine Unterschiede aufgetreten sind, 22% legten deutlich mehr Wegstrecken mithilfe dieses Fortbewegungsmittels zurück und 12% konnten keine Auskunft erteilen. 39% der Teilnehmer*innen legten aufgrund der Pandemie nicht mehr Weg zu Fuß zurück, knapp die Hälfte meinte, dass sich deren Anzahl der Fußmärsche erhöht hat und 12% konnten keine Aussage tätigen. Bei der verrichteten Arbeit im Garten konnte bei 71% keine Modifikation bemerkt werden, 17% arbeiteten häufiger draußen und wiederum 12% konnten keine Angabe machen. Bezüglich der körperlich anstrengenden Hausarbeiten konnte bei der Hälfte keine Änderung ausfindig gemacht werden, 44% gaben an, dass sie aufgrund der COVID-19 Pandemie mehr Arbeiten im eigenen Wohnbereich erledigen und 7% enthielten sich ihrer Stimme.

7 Diskussion

46% der Befragten gaben an, dass sich die Anzahl der sportlichen Aktivitäten, während der COVID-19 Pandemie nicht verändert hat, 29% betrieben weniger Sport und 24% mehr. Dies bedeutet, dass trotz der Einschränkungen des täglichen Lebens das Sportengagement tendenziell sogar marginal abnahm.

Die Ergebnisse der Umfrage zeigen, dass unsere Gesellschaft sehr bequem ist, drei Viertel aller Befragten gaben beispielsweise an, niemals zu Fuß zur Arbeit zu gehen. Dies ist auf die Tatsache zurückzuführen, dass private oder öffentliche Verkehrsmittel zwar teurer sind, jedoch die Zeitersparnis der ausschlaggebende Faktor ist. Arbeit und Arbeitsweg machen zusammen den größten Tageszeitanteil der arbeitenden Bevölkerung aus. Durchschnittlich legen Erwerbstätige in Österreich 35 Kilometer Arbeitsweg pro Tag zurück, dies entspricht etwa einer Stunde, die jeden Tag auf den Weg vom Wohnort zur Arbeitsstätte und wieder zurück entfällt. Daraus lässt sich erklären, warum viele Pendler*innen ihren Arbeitsweg mit dem PKW oder öffentlichen Verkehrsmitteln bewältigen anstatt aktive Mobilitätsformen wie Zufußgehen oder Fahrradfahren bevorzugen. Dabei sind 50% der Weglängen an Werkverkehrstagen unter sieben Kilometer (Doiber et al., 2020). Diese geringen Distanzen besitzen zweifelsohne großes Potential, um gelegentlich zu Fuß oder mit dem Fahrrad zurückgelegt zu werden. Speziell aufgrund der hohen Ansteckungsgefahr in öffentlichen Verkehrsmitteln empfiehlt es sich, den Weg zur Arbeit primär alleine oder mit Menschen aus dem eigenen Haushalt anzutreten. Trotz dieser Tatsache gaben 66% der Teilnehmer*innen der Umfrage an, während der Pandemie nicht häufiger mit dem Fahrrad unterwegs zu sein, auch bei der Anzahl der Fußmärsche ist bei 39% der Befragten keine Änderung aufgrund der COVID-19-Pandemie feststellbar. Dies ist vermutlich auf die Bequemlichkeit der Personengruppe zurückzuführen, da viele Personen zumeist den Weg des geringsten Widerstandes wählen. Fußmärsche und körperliche Aktivitäten auf dem Fahrrad gehen mit einem erhöhten Kalorienverbrauch und folglich mit einer schnelleren Verbrennung der Energiereserven einher, wodurch die Leistungsfähigkeit bei ungenügender Nahrungsaufnahme sinkt und Leistungseinbußen verzeichnet werden. Dies ist vor allem für körperlich fordernde Arbeiten wie beispielsweise Bauarbeiten, aber auch geistig anstrengende Arbeiten wie beispielsweise Büroarbeiten unvorteilhaft, da bei zu hoher Intensität die Konzentrationsfähigkeit darunter leidet und dadurch die Arbeitseffizienz sinken kann. Hinsichtlich der verrichteten Arbeitsleistung im Garten gaben 71% an, dass diese aufgrund der Pandemie nicht zunahm, bei 17% war dies allerdings schon der Fall. Knapp die Hälfte meinte, dass sie nicht mehr Zeit in Hausarbeiten investieren, bei 44% der Befragten trat der gegenteilige Effekt ein. Bedingt durch die Monotonie des beruflichen Alltags im Home-Office versuchen die Menschen, ihre Langeweile durch andere Tätigkeiten wie beispielsweise Putzen, Holzhacken oder Rasenmähen zu kompensieren. Außerdem belegen Studien, dass bei langanhaltenden, sitzenden Tätigkeiten bei bis zu 50% der Arbeitszeit die Rückenmuskulatur nicht aktiviert ist. Hinzu kommt, dass die Aktivierung der Rückenmuskulatur umso geringer ist, je stärker die Wirbelsäule gebeugt ist (Mörl & Bradl,2012). Diese Tatsache verleitet Menschen zu einer vermehrten körperlichen Aktivität, um etwaige auftretende Probleme im Lendenwirbelbereich zu vermeiden.

Dieses veränderte Bewegungsverhalten beeinflusst des Weiteren das Körpergewicht maßgeblich. Je höher der tägliche Anteil an sitzendem Verhalten und je niedriger die körperliche Aktivität desto geringer der Energieverbrauch. Bei gleichbleibendem Essverhalten bedeutet dies folglich eine Zunahme des Körpergewichts. Die Ergebnisse der Umfrage zeigen, dass bei 31% der Befragten eine Erhöhung der gesamten Körpermasse eintrat, lediglich 9% verloren an Gewicht und bei 60% wurde keine Veränderung festgestellt. Eine Person verlor aufgrund einer COVID-19 Erkrankung fünf Kilogramm.

8 Fazit

Im Rahmen dieser Bachelorarbeit aus dem Fachbereich Biologie mit dem Titel „Körperliche Aktivität und deren Auswirkungen auf den menschlichen Organismus unter spezieller Berücksichtigung der COVID-19 Pandemie" wurden die Auswirkungen von Bewegung auf die Gesundheit sowie Veränderungen im Bewegungsverhalten im Zuge von COVID-19 Maßnahmen thematisiert.

Dabei zeigte sich, dass trotz der Tatsache, dass sich körperliche Aktivität unter anderem positiv auf die Funktion des kardiovaskulären Systems, die Energiebereitstellung, die Muskulatur, die Sehnen und Bänder sowie auf die kognitive Leistungsfähigkeit und damit auf das Gehirn und das allgemeine psychische und physischen Wohlbefinden auswirkt, zahlreiche Personen unterschiedlichster Altersgruppen sowohl auf nationaler als auch auf internationaler Ebene das Mindestmaß an körperlicher Betätigung pro Woche nicht erfüllen. Obwohl der Bewegung im Allgemeinen eine essentielle Rolle zugeteilt wird, zeigen die Ergebnisse der HBSC Studie aus dem Jahr 2017/2018, dass ältere Schüler*innen in Österreich deutlich weniger sportlich aktiv sind als jüngere. Knapp die Hälfte der österreichischen Bevölkerung ab einem Alter von 15 Jahren erreichen die 150 Minuten Bewegung pro Woche mit mittlerer Intensität nicht. Kinder und Jugendliche im Alter von 11 bis 13 Jahren erfüllen die Bewegungsempfehlungen eher, 67,4% gaben in diesem Zusammenhang an, mindestens viermal pro Woche sportlich aktiv zu sein. Vergleicht man das Bewegungsverhalten der österreichischen Einwohner mit jenem der Weltbevölkerung, ist dieses im Durchschnitt angesiedelt. Zudem ist eine negative Korrelation zwischen dem Alter und dem Bewegungsumfang erkennbar, da mit zunehmendem Alter weniger körperliche Aktivität betrieben wird. Dieses schwindend geringe Engagement hinsichtlich körperlicher Ertüchtigung in Kombination mit einer unausgewogenen Ernährung führt speziell im Alter zu folgeschweren Erkrankungen wie beispielsweise Typ-2-Diabetes oder Adipositas, wodurch eine zusätzliche Belastung für das Gesundheitssystem provoziert wird. In diesem Zusammenhang nimmt vor allem die COVID-19 Pandemie eine tragende Rolle ein.

Studien belegen, dass etwa die Hälfte der Krankenhauspatient*innen mit Einweisung wegen einer COVID-19 Infektion an Adipositas leiden. Außerdem ist beim Fehlen körperlicher Aktivität ein deutlich höheres Risiko für einen Krankenhausaufenthalt aufgrund der Erkrankung gegeben. Zwar hat Bewegung, während der COVID-19 Pandemie für 34% der österreichischen Bevölkerung an Bedeutung gewonnen, dennoch konnte keine signifikante Änderung des Bewegungsverhaltens festgestellt werden (ASKÖ, 2020).

Die gesammelten Daten aus der indirekten Befragung bestätigen diese Tatsache. Die Ergebnisse zeigen, dass das Sportengagement während der Pandemie sogar geringfügig abnahm. Dies lässt sich vermutlich durch die Bequemlichkeit der Bevölkerung, die zeitliche Komponente und den stetig steigenden Medienkonsum erklären.

Zusammenfassend lässt sich sagen, dass körperliche Aktivität Garant für eine hohe Lebenserwartung ist. Obwohl sich dessen ein Großteil bewusst ist, rangiert Sport beziehungsweise ein gesunder Lebensstil nicht an erster Stelle. Speziell während der Pandemie ist körperliche Aktivität für die Gesundheit unentbehrlich, da dadurch eine Verbesserung des Immunsystems erzielt wird und der Virus schneller bekämpft werden kann. Nichtsdestotrotz ist der Bewegungsumfang auf globaler Ebene deutlich zu gering, wodurch nicht nur die einzelnen Personen, sondern vor allem auch die Gesellschaft in Mitleidenschaft gezogen wird. Aus diesem Grund empfiehlt es sich, geeignete Maßnahmen hinsichtlich der Verbesserung des Sportengagements zu etablieren, um die Auswirkungen der COVID-19 Pandemie zu minimieren und das physische und psychische Wohlbefinden der Weltbevölkerung langfristig zu verbessern.

Literaturverzeichnis

Alfermann, D. & Pfeffer, I. (2009): *Sport, Bewegung und psychische Gesundheit.* In: *Zeitschrift für Sportpsychologie* 16 (4), S. 115-116.

ASKÖ (2020). *ASKÖ-Studie: Bewegung gewinnt gegen Corona.* In: https://www.ots.at/presseaussendung/OTS_20200515_OTS0149/askoe-studie-bewegung-gewinnt-gegen-corona (Stand: 20.05.2021).

Bachl N., Löllgen H., Tschan, H., Wackerhage, H. & Wessner, B. (2018): *Molekulare Sport- und Leistungsphysiologie. Molekulare, zellbiologische und genetische Aspekte der körperlichen Leistungsfähigkeit.* Wien: Springer.

Berk, O., Burrmann, U., Derecik A., Gieß, P., Kuhlmann, D., Neuber, N. et al. (2020): *Das Virus, der Sport und die Herausforderung.* In: Forum Kind Jugend Sport 1 (2), S. 100-109.

Betsch, C., Wieler, L., Bosnjak, M., Ramharter, M., Stollorz, V., Omer, S. et al. (2020): *Germany COVID-19 Snapshot Monitoring (COSMO Germany): Monitoring knowledge, risk perceptions, preventive behaviours, and public trust in the current coronavirus outbreak in Germany.* Unter Mitarbeit von Leibniz Institut Für Psychologische Information und Dokumentation (ZPID).

Caspersen C., Powell K. & Christenson G. (1985): *Physical activity, exercise, and physical fitness: definitions and distinctions for health-related research.* In: *Public Health Rep.* 1985; 100:126–131

Claussen, M. C., Fröhlich, S., Spörri, J., Seifritz, E., Markser, V. Z. & Scherr, J. (2020): *Psyche and sport in times of COVID-19.* In: *Dtsch Z Sportmed* 71 (5).

Constandt, B., Thibaut, E., Bosscher, V., Scheerder, J., Ricour, M. & Willem, A. (2020): *Exercising in Times of Lockdown: An Analysis of the Impact of COVID-19 on Levels and Patterns of Exercise among Adults in Belgium.* In: *International journal of environmental research and public health* 17 (11).

COVID-19 Snapshot Monitoring (COSMO) (2020). *Ergebnisse aus dem wiederholten querschnittlichen Monitoring von Wissen, Risikowahrnehmung, Schutzverhalten und Vertrauen während des aktuellen COVID-19 Ausbruchsgeschehens.* In: https://projekte.uni-erfurt.de/cosmo2020/archiv/07-02/cosmo-analysis.html#18_physische_aktivit%C3%A4t (Stand: 18.05.2021).

DAK-Gesundheit (2020). *Mediensucht 2020 – Gaming und Social Media in Zeiten von Corona: DAK-Längsschnittstudie: Befragung von Kindern, Jugendlichen (12–17 Jahre) und deren Eltern.* Hamburg: Eigenverlag.

Ding, D., Lawson K., Kolbe-Alexander T., Finkelstein, E., Katzmarzyk, P., Mechelen, W. et al. (2016): *The economic burden of physical inactivity: a global analysis of major non-communicable diseases.* In: *The Lancet* 388: 1311–1324

Doiber, M., Wegener, S., Hackl, R., Juschten, M., Raffler, C., Meschik, M. & Schmid, J.(2020): *active2work – Arbeits- und Mobilitätszeit neu gedacht.* In: *Verkehr und Infrastruktur, 64.* Wien: Kammer für Arbeiter und Angestellte für Wien.

Dorner, E., Haider, S., Lackinger, C., Kapan, A. & Titze, S. (2020): *Bewegungsdeterminanten, Erfüllung der Empfehlungen für ausdauerorientierte Bewegung und Gesundheit: Ergebnisse einer Korrelationsstudie aus den österreichischen Bundesländern.* In: *Gesundheitswesen (Bundesverband der Ärzte des Öffentlichen Gesundheitsdienstes (Germany))* 82 (S 03), S207-S216.

Ferrauti, A. (2020): *Trainingswissenschaft für die Sportpraxis.* Berlin: Springer Verlag

Frenken, S., Woll, A., & Holze, K. (2020). *Corona und Bewegungsmangel*. In: https://www.deutschlandfunk.de/corona-undbewegungsmangel-wir-brauchen-eine-lobbyfuer.1346.de.html?dram:article_id=477156 (Stand: 22.06.2021)

Gottlob, A. (2020): *Differenziertes Krafttraining. Mit Schwerpunkt Wirbelsäule*. 5. Auflage. München: Elsevier.

Graf, C., Reinehr, T. & Ernst, M. (2006): *Bewegungsmangel und Fehlernährung bei Kindern und Jugendlichen. Prävention und interdisziplinäre Therapieansätze bei Übergewicht und Adipositas ; mit 32 Tabellen.* Köln: Dt. Ärzte-Verlag.

Güllich, A. & Krüger, M. (2013): Sport. *Das Lehrbuch für das Sportstudium.* 1. Aufl. Berlin, Heidelberg: Springer Berlin Heidelberg.

Harvey, S., Overland, S., Hatch, S., Wessely, S., Mykletun, A. & Hotopf, M. (2018): *Exercise and the Prevention of Depression: Results of the HUNT Cohort Study.* In: *The American journal of psychiatry* 175 (1), S. 28–36.

Hollmann, W. & Hettinger, T. (2000): *Sportmedizin. Grundlagen für Arbeit, Training und Präventivmedizin ; mit 101 Tabellen.* Stuttgart: Schattauer Verlag.

Jordan, S., Krug, S., Manz, K., Moosburger, R., Schienkiewitz, A., Starker, A. et al. (2020): *Gesundheitsverhalten und COVID-19: Erste Erkenntnisse zur Pandemie.* Berlin: Robert Koch-Institut.

Kapinos, J., Leonhard-Huober, H. & Lüderitz, H. (2011). *Basics: Anatomie, Physiologie, Pathologie.* Berlin: Cornelsen. Bundesministerium (2021). *Health Behavior in School Aged Children-Studie.* In: https://www.sozialministe-rium.at/Themen/Gesundheit/Kinder--und-Jugendgesundheit/HBSC.html (Stand: 09.05.2021)

Krug, S., Jordan, S., Mensink, G. B. M., Müters, S., Finger, J. & Lampert, T. (2013*): Körperliche Aktivität : Ergebnisse der Studie zur Gesundheit Erwachsener in Deutschland (DEGS1).* In: *Bundesgesundheitsblatt, Gesundheitsforschung, Gesundheitsschutz* 56 (5-6), S. 765–771.

Küster, M. (2004). *Effekte von Sport und Medienkonsum auf Rumpfkraft, Haltung und Beweglichkeit der Wirbelsäule bei 12-bis 14-jährigen Jugendlichen.* In: *Sportverletzungen Sportschaden.* Stuttgart: Georg Thieme Verlag.

Larsen C., Miescher B. & Dommitzsch D. (2010): *Starker Rücken starkes Kind.* Stuttgart: Trias.

Liedtke, G. (2007): *Friluftsliv – Entwicklung, Bedeutung und Perspektive.* Aachen: Meyer & Meyer Verlag.

Marshall, S. J., Biddle, S. J. H., Gorely, T., Cameron, N. & Murdey, I. (2004): *Relationships between media use, body fatness and physical activity in children and youth: a meta-analysis.* In: *International journal of obesity and related metabolic disorders : journal of the International Association for the Study of Obesity* 28 (10), S. 1238–1246.

Mayer, S., Felder-Puig, R., Gollner, E. & Dorner, T. E. (2020): *Bewegungsverhalten, Kosten mangelnder körperlicher Aktivität und Bewegungsförderung in Österreich.* In: *Gesundheitswesen (Bundesverband der Arzte des Öffentlichen Gesundheitsdienstes (Germany))* 82 (S 03), S196-S206.

Mensink, G. (2003): *Bundes-Gesundheitssurvey. Körperliche Aktivität ; aktive Freizeitgestaltung in Deutschland.* Berlin: Robert-Koch-Institut (Beiträge zur Gesundheitsberichterstattung des Bundes).

Menzi, C., Zahner, L & Kriemler, S (2007): *Krafttraining im Kindes und Jugendalter.* In: *Schweizerische Zeitschrift für Sportmedizin und Sporttraumatologie* 55 (2), S. 38-44.

Miko, H., Zillmann, N., Ring-Dimitriou, S., Dorner, E., Titze, S. & Bauer, R. (2020): *Auswirkungen von Bewegung auf die Gesundheit*. In: *Gesundheitswesen (Bundesverband der Arzte des Öffentlichen Gesundheitsdienstes (Germany))* 82 (S 03), S.184-S.195.

Morgan, W. (1997): *Physical activity and mental health*. Washington, DC: Hemisphere.

Mörl, F., Bradl, I. (2012): *Lumbar posture and muscular activity while sitting during office work*. In: *Journal of electromyography and kinesiology : official journal of the International Society of Electrophysiological Kinesiology* 23.

Muster, M. & Zielinski, R. (2006): *Bewegung und Gesundheit. Gesicherte Effekte von körperlicher Aktivität und Ausdauertraining*. Darmstadt: Steinkopff Verlag Darmstadt.

Mutz, M. & Gerke, M. (2021): *Sport and exercise in times of self-quarantine: How Germans changed their behaviour at the beginning of the Covid-19 pandemic*. In: *International Review for the Sociology of Sport* 56 (3), S. 305–316.

Neumann, G., Pfützner, A. & Berbalk, A. (1998): *Optimiertes Ausdauertraining*. Aachen: Meyer und Meyer.

Pauls, J. (2015): *Das große Buch vom Krafttraining*. München: Stiebner Verlag; Copress.

Ratey, J. & Hagermann, E. (2009): *Superfaktor Bewegung*. Kirchzarten: VAK-Verlag GmbH.

Rütten, A., Abu-Omar, K., Lampert, T. & Ziese, T (2005): *Körperliche Aktivität*. Berlin: Robert Koch-Institut. .

Tilscher H. & Eder M. (2007): *Die Wirbelsäulenschule aus gesundheitsmedizinischer Sicht*. Wien: Verlagshaus der Ärzte GmbH.

Weineck, J. (2002): *Optimales Training. Leistungsphysiologische Trainingslehre unter besonderer Berücksichtigung des Kinder- und Jugendtrainings*. Balingen: Spitta-Verlag.

Weineck, J. (2010). *Sportbiologie*. Balingen: Spitta Verlag.

Woll, A., Oriwol, D., Anedda, B., Burchartz, A., Hanssen-Doose, A., Kopp, M. et al. (2019). *Körperliche Aktivität, motorische Leistungsfähigkeit und Gesundheit in Deutschland: Ergebnisse aus der Motorik-Modul-Längsschnittstudie (MoMo)*. Karlsruhe: KIT

World Health Organization (WHO) (2020): *Global recommendations on physical activity for health*. Genf: WHO

Abbildungsverzeichnis